海辺で拾える貝 ハンドブック

池田 等 文
松沢 陽士 写真

波にもまれて
岩にぶつかり、砂にこすれて
消えてしまった色・模様、
穴が開いたり、欠けた殻も……。
あなたの拾った貝が
この約150種のコレクションの中に
見つかるかもしれません。

貝とは何？

　貝類のことを学問的には軟体動物（Mollusca）と呼びます。その種類は世界におよそ10万種といわれ、節足動物や線虫動物に次いで多い動物です。軟体動物は、以下のように分類されています。

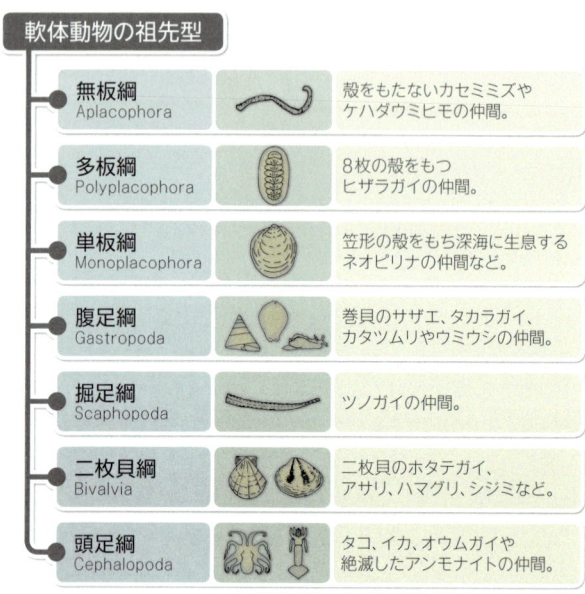

※現在、無板綱は溝腹綱Solenogastresと尾腔綱Caudofoveataとして扱われることが多い。

貝の発生

　一般的に貝類（軟体動物）の繁殖方法には、卵と精子を水中に放出する体外受精と、交尾する体内受精があります。また卵には、岩礁や砂地に産みつけられるものと、浮遊卵があります。

　腹足類や二枚貝類は通常、卵から発生した幼生がトロコフォア幼生〜ベリジャー幼生を経て成貝になります。例外としてヒタチオビ類やエゾバイ類などのように、卵から直接、稚貝が出てくる種類もいます。

●アワビの発生

ビーチコーミングと貝拾い

　最近はビーチコーミング（beachcombing）という、海岸に打ち上がった漂着物を「拾い・集めて・考え・楽しむ」という海の活用方法が定着しています。貝拾いもビーチコーミングの一つです。拾い集めた貝をコレクションにしたり、貝細工にしたり、学問的に調べてみたり、その楽しさは奥深いのです。

海の区分

※本書に出てくる日本の地名

潮間帯の区分

　満潮線と干潮線の間を潮間帯といいます。満潮線より上を潮上帯、干潮線より下を潮下帯といいます。

拾った貝からわかること

　海辺で拾った貝の種類から、さまざまなことが推測できます。例えば、タカラガイ類やチリボタンが多く打ち上がる海岸では、沖合にそれらが生息する環境である岩礁が、サクラガイやツメタガイなら砂底が続いていると考えられます。拾った貝殻から、目の前に広がる海底景観に思いを馳せてみてはいかがでしょう?

貝拾いのコツ

1. 早朝出かける
（人が多いと貝が踏み潰される。海岸を清掃する地域がある）
2. 狙い目は冬場
（冬の海水温低下で貝が死ぬ場合が多く、また季節風で海が荒れる）
3. 一度歩いたコースを逆向きにも歩く
（目こぼしはけっこう多いもの）
4. 台風通過の2〜3日後に行く
（台風で打ち上がった物は、引き波で沖へ持っていかれ、その後、打ち上がる）
5. 両脇が磯で囲まれた海岸で拾う
（このような地形の海岸は、打ち上げ物が寄りやすい）
6. 小潮時を狙う（大潮時、打ち上げ物は沖に持っていかれて広範囲にちらばるが、小潮だと狭い範囲に寄る）

貝が打ち上がる海岸

　貝は、どんな海岸にでも打ち上がるわけではありません。埋め立て地や、岩が切り立った海岸には波が直接ぶつかるだけで、ゴミですら寄るスペースがありません。

●貝がよく打ち上がる岩浜

　何といっても貝がよく拾えるのは、両脇が磯によって囲まれ、砂や砂利によって形成された岩浜です。また、打ち上げ物は限られた場所に寄るため、長い砂浜では何度も出かけてそのポイントを把握する

●砂浜

必要があります。ポイントは時季によって変わりますが、河口付近や波除けなどの人工構築物があれば、その周辺が狙い目です。

凡例

本書では、海辺で拾える一般的な貝類150種を取り上げて紹介した。

1. **種名・学名・科名**
   学名・分類体系は、おおむね奥谷ほか(2000)に従った。また、別名がある場合は、解説文の中に書き入れた。

2. **殻長**
   一般的なサイズを記した。

3. **標本写真**
   摩耗の進んだ個体を左、右方向には新鮮な個体を掲載した。標本は、すべて相模湾沿岸の三浦半島に打ち上がったもの。絵合わせの助けとなるよう、原寸大の写真（×1）も掲載した。

4. **解説**
   特徴（特）、分布（分）、生息環境（生）を簡潔にまとめた。

貝の保管

海辺で拾った貝は、塩分を抜くために真水で洗って干します。乾いたらチャック付のビニール袋にデータ(種名、採集場所、採集日、採集者、気づいたこと等)とともに入れておきましょう。

貝拾いのための持ち物リスト

1. 地図
2. 貝類の図鑑
3. メモ帳
4. カメラ
5. ポリ袋
6. 小型のバケツ
7. 容器(壊れやすい貝を入れる)
8. 手袋
9. ピンセット

注意すること

海岸には棘のある魚やクラゲなども打ち上がるので、素手では絶対に触れないこと。また、注射針やガラスの破片などにも要注意です。台風の最中は控え、冬は防寒、夏は日差しをよける服装や飲料水を用意して行きましょう。

拾える貝の質

海岸に打ち上がる貝は、穴のあいたものや破片、摩耗して色彩がなくなったものなど、本来の容姿とは異なっています。例えば、キイロダカラは、摩耗が進むと黄色がだんだん紫色に変わります。タカラガイ類の殻には色層があり、摩耗の具合によって、別の色が出るためです。

キイロダカラ

用語の解説

- **外套膜**(がいとうまく)：軟体動物の体の表面を覆う膜のこと。貝類は外套膜の表面や縁から石灰分を分泌し、貝殻を形成する。
- **殻皮**(かくひ)：貝殻の外側を覆っているキチン質の膜。薄い皮状のものからブラシ状に発達したものまである。
- **帰巣性**(きそうせい)：動物が巣などから離れても再び同じ場所に戻る性質。帰家性ともいう。
- **地先**(じさき)：本書では、貝の打ち上がった海岸周辺の海域や沖合を指す。
- **歯舌**(しぜつ)：二枚貝を除く軟体動物の口の部分にあり、リボン状の膜の上に小歯が並ぶキチン質の器官。
- **真珠光沢**(しんじゅこうたく)：真珠のような光沢のこと。
- **真珠層**(しんじゅそう)：貝殻の内面にある真珠光沢をもつ層。
- **成貝**(せいがい)：成体になった貝。幼貝に比べて殻がしっかりし、種の特徴がはっきり出る。
- **石灰藻**(せっかいそう)：細胞壁に石灰質が沈着している藻類の相称。サンゴモ類などがある。
- **足糸**(そくし)：アコヤガイなどの二枚貝が岩や砂泥に付着するために出す糸状の物質。
- **動物体**(どうぶつたい)：貝類の場合は貝殻を除く軟体部のこと。
- **卵のう**(らんのう)：卵を包んでいる袋状のもの。海産の巻貝で多く見られる。
- **老成**(ろうせい)：年数を経て十分に成長し、熟成すること。
- **幼貝**(ようがい)：成体になる前の貝。殻が薄く、殻口も形成されていない。
- **きれいな個体**：死んでしばらくたってはいても摩耗が少なく、形態や色彩がよく残っている貝のこと。
- **新鮮な個体**：死んだばかりで形態や色が生きていたときとさほど変わらない貝のこと。

砂浜で拾える貝

地域差はありますが、通常、砂浜には巻貝より二枚貝のサクラガイやチョウセンハマグリなどの打ち上げが目立ちます。これは、砂浜には砂中に潜って生活する二枚貝が多いからです。巻貝ではツメタガイやホタルガイ、キサゴなど岩礁にはいない貝を拾うことができます。丸い穴の開いた二枚貝を拾った経験をお持ちの方もいるでしょう。これはツメタガイによる仕業です(p.49)。ここでは砂浜で拾える主な貝を紹介します。

キサゴ p.21
ダンベイキサゴ p.21
ホタルガイ p.63
バイ p.60
ムシロガイ p.58
シチクガイ p.67
ツメタガイ p.49
オダマキ p.69
シドロ p.26
コロモガイ p.64
ヤツシロガイ p.51
クチベニガイ p.93
チョウセンハマグリ p.92

ベンケイガイ p.75
ベニガイ p.84
サクラガイ p.85
テングニシ p.61
ヒナガイ p.88
ヤカドツノガイ p.71
イタヤガイ p.78
マテガイ p.86

009

岩浜で拾える貝

岩浜と砂浜とでは打ち上がる貝の顔ぶれが変わります。岩礁に生息する二枚貝はチリボタンのように岩に固着したり、エガイのように足糸で付いたり、岩の中に穿孔するカモメガイのほか、岩礁間の砂礫中にウチムラサキやオニアサリなどがいます。岩浜にはこれらの二枚貝とともに岩の割れ目や石の下に生息するトコブシやバテイラ、タカラガイ類などがよく打ち上がります。ここに岩浜で拾える主な貝を紹介します。

ツタノハガイ p.13

マツバガイ p.13

スカシガイ p.15

トコブシ p.17

オオヘビガイ p.25

アワブネ p.28

スズメガイ p.27

イボフトコロガイ p.56

ボサツガイ p.57

ホシキヌタ p.30

ヒメヨウラク p.54

カコボラ p.52

ハナマルユキ p.48

メダカラガイ p.36

ナツメガイ p.70

ベッコウイモ p.66

サザエ p.22

ウズイチモンジ p.20

チリボタン p.80

エガイ p.74

トマヤガイ p.81

オニアサリ p.89

ウチムラサキ p.90

011

いるはずのない貝が拾える!

海岸に打ち上がる貝は、下図のようなルーツに分類されます。地先に生息している貝が拾えるとは限らず、例えば浮遊生活をするアサガオガイなどは外洋から海流に乗って漂着し、カワニナやカタツムリ類(p.50)は河川を通して運ばれます。問題なのは、地先にいない貝が人為的に捨てられることです。これらが拾われて報告されると、分布上の混乱を招く場合があります。さらに最近は、外国産の貝が拾える機会が増えています。

ゾウゲバイ(台湾)

ノシメガンゼキ(フィリピン)

ソデボラ(アメリカ)

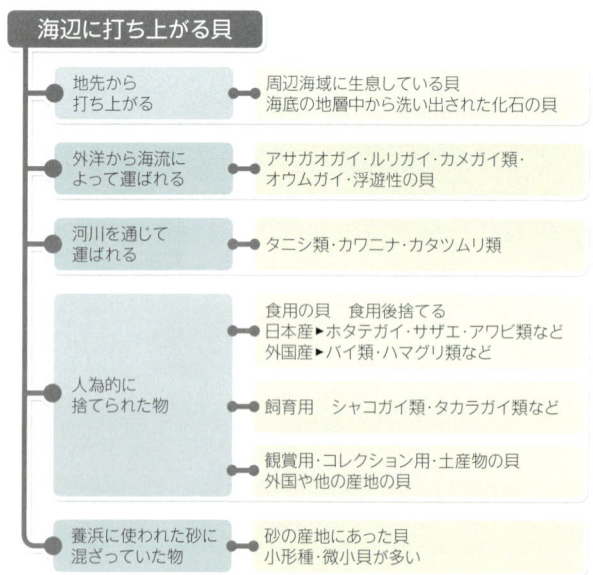

ツタノハガイ *Patella flexusa* Quoy & Gaimard, 1834
ツタノハガイ科｜殻長：4〜6 cm

🔴特 殻は縦長の不規則な八角形。殻は石灰藻などの付着物で覆われることが多く、生存状態では見つけにくいが、海岸では比較的よく拾える。殻は磨耗しても黄褐色の色彩は残る。時化の後には生きたまま打ち上がることもある。

🔴分 房総半島・男鹿半島以南〜インド・太平洋

🔴生 潮下帯〜水深5mの岩礁

マツバガイ *Cellana nigrolineata* (Reeve, 1839)
ヨメガカサガイ科｜殻長：4〜9 cm

🔴特 殻には放射状、波状、およびこれらが合わさった3タイプの模様がある。生息個体数は放射状の模様をしたものが多い。海岸には破損の少ない状態で打ち上がることが多いが、殻の中央が割れてリング状になった殻もある。

🔴分 房総半島・男鹿半島〜九州、朝鮮。

🔴生 潮間帯の岩礁。

ウノアシ *Patelloida saccharina* form *lanx* (Reeve, 1855)
ユキノカサガイ科 | 殻長：3〜4 cm

🔴特 殻の形が鵜（鳥）の足に似るのでこの名がある。藻類を食べるために移動するが、帰巣性が強く元の場所に戻る。打ち上げ個体は比較的破損が少ない。奄美諸島以南のインド・太平洋に分布し、本種より殻が厚く、白地に黒模様がある型をリュウキュウウノアシという。

🟠分 房総半島・男鹿半島以南〜奄美諸島、朝鮮

🟢生 潮間帯の岩礁

 リュウキュウウノアシ

×1

ヨメガカサ *Cellana toreuma* (Reeve, 1854)
ヨメガカサガイ科 | 殻長：4〜6 cm

🔴特 殻は扁平で色彩や模様はさまざま。岩礁の表面に付着し、テトラポッド等の人工構築物にも多い。打ち上げ個体は比較的よく原型をとどめているが、殻内面の真珠光沢はぬけたものが多い。時に殻の中央が丸く割れ、リング状になった殻も拾える。

🟠分 北海道南部以南〜台湾、朝鮮、中国

🟢生 潮間帯の岩礁

×1

テンガイ *Elegidion quadriradiatus* (Reeve, 1850)
スカシガイ科 | 殻長：1〜1.5 cm

🔴 殻は小形で格子目状、縦長をした鍵穴状の頂孔がある。灰白色の地に黒帯状、黒斑などの模様に変異がある。岩浜によく打ち上がり、比較的よく原型をとどめた状態で拾える。本種の名は天蓋（仏像などにかざす絹張りの笠のこと）に由来するため、テンガイガイ（天蓋貝）の名を使うこともある。

🔵 房総半島・能登半島〜インド・太平洋

🟢 潮間帯〜水深10 mの岩礁

鍵穴状の頂孔 ×1

スカシガイ *Macroschisma sinense* (A.Adams, 1851)
スカシガイ科 | 殻長：1.5〜2 cm

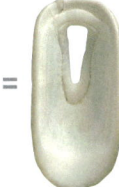

🔴 殻は長方形で、上部のやや前方に縦長の頂孔がある。殻色は灰褐色から赤褐色まで変化に富み、動物体はナメクジ状で大きい。殻はほぼ完全な状態で打ち上がることが多く、一度に多数拾えることがある。本種に似たヒラスカシガイの殻はやや小形で薄く、頂孔は中央に寄る。

🔵 本州東北以南

🟢 潮間帯の岩礁

ヒラスカシガイ ×1

クズヤガイ *Diodora sieboldii* (Reeve, 1850)
スカシガイ科 | 殻長：2〜3 cm

特 殻の上部のやや前方に楕円形の孔があり、そこから周縁にかけて11本前後の太い放射肋がある。殻色は茶白色を地に黒褐色や赤褐色をした斑紋が入る。動物体は黄白色で殻の中におさまる。打ち上げ個体は原型をとどめたものが多く、岩浜でよく拾える。

分 房総半島・佐渡〜太平洋

生 潮間帯〜水深10 mの岩礁

楕円形の孔
×1

オトメガサ *Scutus sinensis* (Blainville, 1825)
スカシガイ科 | 殻長：3〜4 cm

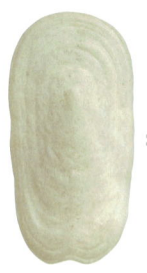 ＝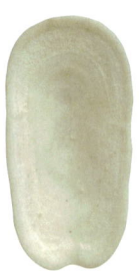

×1

特 殻は白色、扁平で淵が丸みをおびた長方形をしている。潮間帯の石の裏などでよく見られ、深場に生息する個体は大形となる。動物体は黒色と茶褐色に黒い斑点のあるものとがあり、生時には殻を包んでいる。岩浜に打ち上がり、破損が少ない。

分 北海道南部以南〜九州

生 潮間帯〜水深50 mの岩礁

メガイアワビ *Haliotis sieboldii* (Reeve, 1846)

ミミガイ科｜殻長：10〜20cm

🔵特 殻は大形で殻長20cmを超え、老成個体は円形に近い。殻表には顕著な螺肋があり、穴は3〜4個ある。殻の内面に孔雀色の真珠光沢をもつ個体もある。小形個体は破損のない状態で拾えることが多いが、大形個体では破片が多い。

🟠分 房総半島・男鹿半島以南〜九州

🟢生 潮間帯〜水深20mの岩礁

トコブシ *Haliotis diversicolor aquatilis* (Reeve, 1846)

ミミガイ科｜殻長：6〜9cm

🔵特 メガイアワビより小形で、殻の表面は滑らかなものから螺肋に覆われるものまである。殻の穴は7〜8個でメガイアワビより多く、盛り上がらない。生時は穴の周辺にキクスズメガイがよく付着し、打ち上げ個体では穴の周辺にその痕跡が残っている。岩浜によく打ち上がり、破損のない状態で拾えることが多い。

🟠分 北海道南部〜九州

🟢生 潮間帯〜水深10mの岩礁、転石帯

キクスズメガイ

アシヤガイ *Granata lyrata* (Pilsbry, 1890)

ニシキウズガイ科 | 殻長：1〜2 cm

特 殻は小形で塔が低く、殻口は広い。殻の表面は細い螺肋に刻まれ、ざらざらした手触りがある。内面には真珠光沢がある。潮間帯の転石地帯に生息するため岩浜によく打ち上がる。破損の少ない状態で打ち上がることが多い。

分 本州東北以南

生 潮間帯〜水深5 mの岩礁、転石

螺肋 / 殻の表面

アシヤガマ *Stomatolina rubra* (Lamarck, 1822)

ニシキウズガイ科 | 殻長：1.5〜2 cm

螺塔

特 殻はアワビ型で螺塔はとがり、殻口は広い。肩には2本の強い肋がある。殻色は赤、赤橙、茶褐色などのほか、淡緑色などの色帯をもつ個体もあり変異が多い。殻が赤色系なので海岸では目につきやすく、新鮮な個体も拾える。

分 房総半島・男鹿半島〜沖縄

生 潮間帯〜水深10 mの岩礁

イシダタミ *Monodonta labio* form *confusa* Tapprone-Canefri, 1874
ニシキウズガイ科 ｜ 殻長：2〜3cm

×1
内唇

🟢**特** 殻は比較的重厚で石畳状の彫刻がある。この彫刻は、外洋性のものでは粗く、内湾奥に生息するものでは細かい。殻口の内唇側には牙状の突起がある。生時は殻全体が緑黒色に見えるが、打ち上げ個体では、表面が摩耗して黄褐色や淡紅色の斑点がはっきりする。

🟠**分** 北海道南部以南〜九州

🟢**生** 潮間帯の岩礁

石畳状の彫刻

バテイラ *Omphalius pfeifferi pfeifferi* (Philippi, 1846)
ニシキウズガイ科 ｜ 殻長：4〜6cm

🟢**特** 殻は厚く正円錐形、殻表は黒褐色。海岸に打ち上がった個体で、内面がえぐられていたり、殻頂部が破損した殻を見かけるが、これらはイセエビやカニ類に捕食されたもの。岩浜に多く打ち上がり、時化の後には生きた個体も拾える。

🟠**分** 本州東北以南の太平洋岸

🟢**生** 潮間帯〜水深10mの岩礁

×1

チグサガイ *Cantharidus japonicus* (A. Adams, 1853)

ニシキウズガイ科 ｜ 殻長：1〜2.5 cm

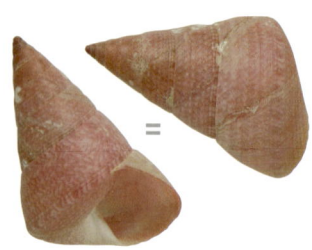

- **特** 殻は細長い円錐形、色彩は黄褐色、赤褐色、淡赤橙色など単色のほか、赤桃色を地に白色、褐色の斑点が入るなど、変化に富む。海藻の多い岩礁域に生息し、砂利や貝殻が寄せられる岩浜によく打ち上がる。
- **分** 北海道南部〜九州
- **生** 潮間帯〜水深10 mの岩礁

円錐形の殻頂

ウズイチモンジ *Trochus rota* Dunker, 1860

ニシキウズガイ科 ｜ 殻長：2〜3 cm

- **特** 殻は正円錐形、底部の周縁に歯車状の突起がある。殻は淡緑白色の地に赤褐色の模様がある。生時は藻類などが付着して殻の色彩はほとんど見えないが、打ち上げ個体では殻の色が目立つ。岩浜で拾え、磨耗の進んだものは真珠層が出る。
- **分** 房総半島・能登半島以南
- **生** 潮間帯〜水深10 mの岩礁

キサゴ *Umbonium costatum* (Kiener, 1838)
ニシキウズガイ科 ｜ 殻長：2〜3cm

🟠特 殻は低い円錐形、体層には3〜5本の螺溝があり、黄褐色と青灰色の模様が交互に入った色彩をもつ。殻の底部は滑らかで、臍周辺は淡赤紫色の滑層で覆われる。砂浜によく打ち上がり、時化の後には生きた個体も見られる。形態が似るイボキサゴは本種より小形で、滑層の面積が殻に対して広い。
🟠分 北海道南部〜九州
🟢生 潮間帯〜水深10mの砂地

イボキサゴ

ダンベイキサゴ *Umbonium giganteum* (Lesson, 1831)
ニシキウズガイ科 ｜ 殻長：3〜4cm

螺塔

🟠特 殻は低い円錐形、殻の表面は平滑で光沢がある。色彩は灰青色の地に縫合に沿って青黒色の斑紋が入るものが基本。殻全体が黄褐色したものや淡紅色の色帯の入るものもあり変化に富む。殻口や螺塔が破損している打ち上げ個体は、ガザミやカラッパなどのカニ類が捕食したものである。
🟠分 鹿島灘・男鹿半島〜九州
🟢生 潮下帯〜水深10mの砂地

サザエ *Turbo cornutus* Lightfoot, 1786

リュウテンサザエ科 | 殻長:8〜12 cm

殻の軸

蓋 　　　　　　　　　　　　　　　棘

特 殻に棘のあるものから棘を欠くものまであり、形態は変異に富む。通常、棘は体層に2列あるが1列、3列のものもある。食用にされるため、海岸で拾うものは地先産とは限らず、捨てられたものも混ざっている。壊れて磨耗しても殻の軸は残る。棘や蓋もよく打ち上がる。

分 北海道南部〜九州

生 潮間帯〜水深50 mの岩礁

×1

022

スガイ *Lunella coronata coreensis* (Récluz, 1853)

リュウテンサザエ科 | 殻長：2〜3cm

🔴特 殻は丸みが強く、全体がほぼ平滑なものから大小の顆粒や肩の部分に疣があるものなど変異がある。殻色は緑褐色や黄褐色などがある。カニに捕食され、壊れた殻も多い。蓋は石灰質で丸く、多数、打ち上がる海岸もある。

🟠分 北海道南部〜九州・朝鮮

🟢生 潮間帯の岩礁、転石、砂礫地

蓋　　疣のある個体

ウラウズガイ *Astralium haematragum* (Menke, 1829)

リュウテンサザエ科 | 殻長：3〜4cm

🔴特 殻は円錐形で周縁に歯車状の突起がある。通常、生きているときは殻に石海藻などの付着物が多くついている。殻底の軸唇に添った部分と蓋の周縁は濃い紫色をしている。殻は摩耗が進むと白くなる。岩浜に打ち上がる。

🟠分 男鹿半島以南

🟢生 潮間帯〜水深10mの岩礁

アマオブネ *Nerita albicilla* Linnaeus, 1758
アマオブネ科 ｜ 殻長：2〜3 cm

螺塔

- 特 殻は螺塔が低く丸みをおび、白地に黒色斑紋がある。蓋は石灰質で半円形、表面には細かい顆粒がある。岩浜に打ち上がり、磨耗の進んだ殻は黒、白の色彩がはっきりする。潮間帯の岩礁や転石地帯で見られる。
- 分 房総半島・能登半島以南
- 生 潮間帯の岩礁、転石地帯

アマガイ *Nerita japonica* Dunker, 1860
アマオブネ科 ｜ 殻長：1〜1.5 cm

- 特 殻は半球形に近く、黒色を地に暗黄色のまだら模様がある。打ち上げで殻が磨耗したものでは、橙黄色の色彩が出る。岩浜に打ち上がり、破損の少ない殻が拾える。潮間帯上部の岩礁の割れ目や石の裏に生息する。
- 分 房総半島〜九州
- 生 潮間帯岩礁

オオヘビガイ *Serpulorbis imbricatus* (Dunker, 1860)

ムカデガイ科 | 殻長：5〜7 cm

×1

- 殻 殻は螺旋状をしているが、途中で巻きが解けた個体もあるなど、形態に変化が多い。石や岩などに固着して生活し、水中に糸状の粘液を出して絡んだ小動物をとる。岩浜に破片がよく打ち上がり、原型をとどめた殻も拾える。
- 分 北海道南部〜九州、中国
- 生 潮間帯〜水深20 mの岩礁

シドロ *Doxander japonicus* (Reeve, 1851)
ソデボラ科 | 殻長：5〜7 cm

殻袖

🔴 殻は紡錘形で殻口は袖状に広がる。黄褐色の地に白色の斑紋があり、殻口は白色。蓋は細長い爪型で、ギザギザがある。砂浜に打ち上がり、拾えるものは殻袖が形成されていない幼貝が多い。時化の後には生きた個体も拾える。

🟠 房総半島・能登半島以南

🟢 潮下帯〜水深30mの砂地

カニモリ *Rhinoclavis kochi* (Philippi, 1848)
オニノツノガイ科 | 殻長：3〜4 cm

顆粒

🔴 殻は細長く、肋に沿って顆粒がある。大潮時には潮下帯でも生きた個体を見ることができる。台風や時化の後にはヤドカリ入りのものや生きた個体も打ち上がる。磨耗の進んだ殻から新鮮な個体まで、砂浜の海岸で拾える。

🟠 房総半島・能登半島〜インド・太平洋

🟢 潮下帯〜水深10mの砂地

スズメガイ *Hipponix trigona* (Gmelin, 1791)

スズメガイ科 | 殻長：2 cm

特 殻は扁平な笠形、放射肋と輪肋で刻まれ、表面には毛状の殻皮がある。殻皮は打ち上げ個体でもよく残り、破損のない状態で拾えることが多い。潮間帯の岩礁に石灰質の台座をつくって付着する。

輪肋

分 房総半島以南
生 潮間帯の岩礁

岩に付着したスズメガイ

台座

サワラビ *Separatista helicoides* (Gmelin, 1791)

カツラガイ科 | 殻長：1.5 cm

特 潮間帯岩礁に生息するケヤリムシ（環形動物）の棲管上で生活する。殻は厚い殻皮で覆われ、ケヤリムシに付着しやすいよう殻口周辺で広がっている。打ち上げ個体では殻皮が磨耗したものが多いが、時々、破損の少ない殻も拾える。

分 房総半島〜インド・太平洋
生 潮間帯〜水深50 mの岩礁

027

シマメノウフネガイ *Crepidula onyx* Sowerby, 1914

カリバガサ科 ｜ 殻長：3〜5 cm

   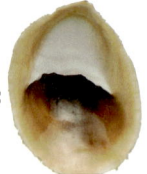

🔴 殻は卵円形で内面はスリッパー型。性転換することが知られている。主にほかの貝類に付着するが、岩礁にもつく。元来アメリカ太平洋側に分布する種だが、船に付着して運ばれ、1968年に神奈川県三浦半島で初めて発見された。以来、分布を拡大している帰化動物。

🟠 アメリカ西海岸、本州太平洋側

🟢 潮間帯〜水深50mの岩礁、ほかの貝類に付着

アワブネ *Crepidula gravispinosus* (Kuroda & Habe, 1950)

カリバガサ科 ｜ 殻長：1〜2.5 cm

🔴 殻は卵円形で殻表には棘がある。潮間帯から浅海にかけての岩礁やアワビ類などの殻について生活する。生きた個体は殻に付着物があるため見つけにくいが、海岸ではよく拾える。岩浜では比較的、破損のない状態で打ち上がる。別名クルスガイ。

🟠 房総半島以南〜台湾、朝鮮

🟢 潮間帯〜水深50mの岩礁

岩に付着したアワブネ

ヤクシマダカラ *Cypraea arabica* Linnaeus,1758

タカラガイ科 | 殻長：5〜8cm

×1　幼貝

▷　▷

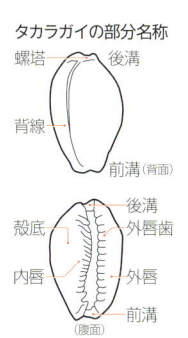

タカラガイの部分名称
螺塔　後溝
背線
前溝（背面）
殻底　後溝
　　　外唇歯
内唇　外唇
　　　前溝
（腹面）

🟦**特** 成貝の殻は半卵形で、殻の背面には不明瞭な縦縞模様と網目模様があり、側面には黒褐色の斑点がある。幼貝は紡錘形をしている。摩耗の進んだ打ち上げ個体では、灰青色の地が現れる。重厚な個体は破損が少ない状態で拾える。

🟧**分** 房総半島以南〜インド・太平洋

🟢**生** 潮間帯〜水深20mの岩礁、サンゴ礁

029

ホシキヌタ *Cypraea vitellus* Linnaeus, 1758

タカラガイ科 | 殻長：5〜8cm

×1

- 特 殻は老成すると重厚になり、背面には淡い褐色をした2本の淡色帯を地に多数の白色の斑点が入る。打ち上げで殻の表面が磨耗すると、淡色帯の色層が出る。さらに磨耗の進んだ殻では紫色が出る。殻長は通常5cm前後だが、7〜8cmに達するものもある。
- 分 房総半島以南〜インド・太平洋、地中海
- 生 潮間帯〜水深50mの岩礁、サンゴ礁

ナツメモドキ *Cypraea errones* (Linnaeus, 1758)

タカラガイ科 ｜ 殻長：3〜4cm

特 殻の背面には淡い灰褐色を地とした多数の茶褐色の細かい斑点があり、中心付近では斑紋となる。打ち上げで殻の摩耗が進んだものは紫青色で、やや擦れた殻では青灰色に3本の紺色の帯が出る。

分 千葉県銚子以南〜インド・太平洋

生 潮間帯〜水深10mの岩礁、サンゴ礁

クロダカラ *Cypraea listeri* Gray, 1824

タカラガイ科 ｜ 殻長：1〜2.5 cm

- 特 殻色は青灰色で全体に細かい茶褐色の斑点がある。また不明瞭な白色や黒褐色の帯のある個体もある。摩耗のよく進んだ打ち上げ個体は焦げ茶色になり、やや擦れた殻では黒褐色の帯が出る。別名カスミダカラ。
- 分 房総半島以南〜インド・太平洋
- 生 潮間帯〜水深20 mの岩礁、サンゴ礁

×1

クチグロキヌタ *Cypraea onyx* Linnaeus, 1758

タカラガイ科｜殻長：3〜5cm

🔴 幼貝から成貝まで殻の色彩はあまり変化しない。殻色は焦げ茶色を地に2本の黄色帯があり、老成すると背面に向かって曇ったような青白色の色彩が入る。打ち上げで殻が摩耗すると、2本の黄色帯がよりはっきりと出る。

🟠 房総半島・山口県以南〜インド・太平洋

🟢 潮下帯〜水深150mの岩礁、サンゴ礁、砂礫底、泥底

チャイロキヌタ *Cypraea artuffeli* Jousseume, 1876

タカラガイ科 | 殻長：1〜2.5 cm

㊙ 殻の形態がカミスジダカラとよく似ており、外套膜もともに黒色であるため同種という見方もあるが、DNA解析により最近は別種とされる傾向にある。殻は茶色で背面に3本の帯があり、磨耗するとこの帯がはっきり出る。別名キヌタデ。

㊗ 房総半島・男鹿半島以南、小笠原群島の日本海域、韓国沿岸

㊛ 潮間帯〜水深20mの岩礁

カミスジダカラ *Cypraea clandestina* Linnaeus, 1767

タカラガイ科 ｜ 殻長：1〜2.5 cm

特 殻には「髪筋」にたとえられる細い線がある。南方の個体は殻色が乳白色を帯びるが、本州沿岸に生息する個体は一般に茶色で、チャイロキヌタとよく似ている。打ち上げで殻が磨耗すると細い線が消え、チャイロキヌタとの区別が困難になる。

分 房総半島以南〜インド・太平洋

生 潮間帯〜水深30ｍの岩礁、サンゴ礁

メダカラガイ *Cypraea gracilis* Gaskoin,1849

タカラガイ科 | 殻長:1〜2.5 cm

- 特 殻の背面中央に入る茶褐色の斑紋が、丸くはっきりしたものではこれが眼のように見えるため、この名がある。側面から腹面にかけての黒色斑点が本種の特徴で、打ち上げで磨耗が進んだ殻でも残っている。
- 分 本州東北以南〜インド・太平洋、地中海
- 生 潮間帯〜水深80mの岩礁、転石帯

ウキダカラ *Cypraea asellus* Linnaeus, 1758

タカラガイ科 | 殻長：1〜2.5 cm

×1

🟦 幼貝から成貝まで模様の変化がなく、黒色と白色の縞がはっきりして他種との区別が容易である。打ち上げで磨耗した殻は黒色の帯が茶色になり、さらに磨耗が進むと白色みが強くなる。生時は殻が真っ黒な外套膜で覆われている。

🟧 房総半島以南〜インド・太平洋

🟢 潮間帯〜水深20 mの岩礁、サンゴ礁

コモンダカラ *Cypraea erosa* Linnaeus, 1758

タカラガイ科 | 殻長：3〜5cm

- 🟠 殻の背面に褐色と白色の斑点が散在する。通常、殻の側面から腹面にかけて褐色の斑紋が入るが、欠く個体もある。老成すると殻が重厚になり、両側面が張り出す個体もある。打ち上げで磨耗の進んだ殻では、紫色が出る。
- 🔴 房総半島・山口県以南〜インド・太平洋
- 🟢 潮間帯〜水深10mの岩礁

×1

ハツユキダカラ *Cypraea miliaris* Gmelin, 1791

タカラガイ科 ｜ 殻長：3～5cm

🔴 殻の背面の色は黄褐色から緑褐色まであり、白色の斑紋が全面を覆う。腹面は乳白色で歯列は強く刻まれる。打ち上げで磨耗の進んだ殻では、赤紫色が出る。場所によっては比較的よく打ち上がり、新鮮な個体も拾える。
🔵 房総半島・山口県以南～西部太平洋
🟢 潮間帯～水深150ｍの岩礁、泥礫底

×1

039

オミナエシダカラ *Cypraea boivinii* Kiener, 1843

タカラガイ科 | 殻長:3〜3.5 cm

㊧ 殻の背面は灰白色の地に褐色、白色の斑点が入り、その上を乳白色の滑層が覆う。前溝と後溝付近に茶褐色の筋がつくものが多く、腹面は白色。海岸で比較的よく拾え、新鮮な個体もある。別名チチカケナシジダカラ。

分 房総半島・山口県以南〜東南アジア、インドネシア

生 潮間帯〜水深30mの岩礁、砂礫底、サンゴ礁

ナシジダカラ *Cypraea labrolineata* Gaskoin, 1849

タカラガイ科 ｜ 殻長：1.5〜3 ㎝

×1

🔴特 殻の背面は黄褐色で乳白色の斑点が散在し、両側面には焦げ茶色の斑点が入る。タカラガイ類の中で最も生息深度の幅が広く、海岸にもよく打ち上がる。やや磨耗の進んだ殻では背面の斑点が消え、極度に磨耗すると紫色の色層が出る。

🟠分 千葉県銚子・山口県以南〜インド・太平洋

🟢生 潮間帯〜水深400ｍの岩礁、サンゴ礁

カモンダカラ *Cypraea helvola* Linnaeus, 1758

タカラガイ科 | 殻長：2〜3 cm

特 成貝の殻は重厚で、背面の全体は赤褐色で白色の斑点がある。腹面も赤褐色で歯は顕著。磨耗した殻の背面側には紫色の色層が出るが、腹面の赤褐色は残っている。打ち上げ個体では、光沢の残った新鮮な殻は少ない。

分 房総半島・能登半島以南〜インド・太平洋

生 潮間帯〜水深20mの岩礁、サンゴ礁

042

アヤメダカラ *Cypraea poraia* Linnaeus, 1758

タカラガイ科 | 殻長:1.5〜2 cm

×1

🔴特 殻の背面は薄い焦げ茶色で、焦げ茶色や白色の斑点が入る。側面から腹面にかけては薄紫色で、歯は白みがかる。打ち上がった殻の背面の摩耗の進み方はカモンダカラに似て、紫色の色層が現れる。打ち上げ個体では、新鮮な殻は少ない。

🔴分 房総半島・能登半島以南〜インド・太平洋

🔴生 潮間帯〜水深20 mの岩礁、サンゴ礁

ハナビラダカラ *Cypraea annulus* Linnaeus, 1758

タカラガイ科 | 殻長：1.5〜3cm

×1

特 殻は淡い灰緑色で、背面にある黄橙色の花びら形の模様が特徴。潮間帯でよく見られ、本州中部では冬の海水温低下で死亡し、新鮮な殻のまま数多く打ち上がることがある。磨耗した殻は灰緑色になり、さらに摩耗が進むと紫色の色層が出る。

分 房総半島・男鹿半島以南〜インド・太平洋

生 潮間帯の岩礁、サンゴ礁

キイロダカラ *Cypraea moneta* Linnaeus, 1758

タカラガイ科 | 殻長:1.5〜3cm

🔵特 殻色は黄色から黄白色で、腹面は白色みがかる。関東地方周辺では、殻は薄い黄色で濃黄色とならない。ハナビラダカラと同様、本州中部では冬に数多く打ち上がることがあり、磨耗した殻では紫色の色層が出る。かつて中国で貨幣として使われたことで有名。

🟠分 房総半島・山口県以南〜インド・太平洋

🟢生 潮間帯の岩礁、サンゴ礁

シボリダカラ *Cypraea limacina* Lamaeck, 1810

タカラガイ科 | 殻長：2〜3.5 cm

白色の斑点

×1

🟢 **特** 殻の背面は青色みのある紫褐色で、白色の斑点が散在する。腹面は白色で歯は黄褐色で長い。新鮮な個体の青紫がかった色は、しばらくすると褐色がかった紫色に変化する。摩耗が進んだ殻は紫色で、中程度に摩耗が進んだ殻では白い斑点が消える。

🔴 **分** 房総半島・山口県以南〜インド・太平洋

🟢 **生** 潮間帯〜水深30mの岩礁、サンゴ礁

サメダカラ *Cypraea staphylaea* Linnaeus, 1758

タカラガイ科 | 殻長：1〜2.5 cm

🔴 背面は青色みのある紫褐色で、白色の斑点が散在する。シボリダカラに似るが白い斑点が粒状になる点で区別できる。腹面は白色、歯は顕著で黄褐色、側縁まで及ぶ。打ち上げで磨耗が進んだ殻は薄紫色になる。

🔵 房総半島・山口県以南〜インド・太平洋

🟢 潮間帯〜水深20 mの岩礁、サンゴ礁

ハナマルユキ *Cypraea caputserpentis* Linnaeus, 1758

タカラガイ科 | 殻長:2.5〜3.5 cm

未成貝

特 殻色は茶褐色から黒褐色で、背面には白色の斑点が集合する。老成すると側縁が張り出して重厚となるが、分布北限の海域では半卵形のままで、これをミカドハナマルユキと呼ぶことがある。磨耗した殻は黒褐色の帯をもつ灰色の色彩となるが、摩耗がさらに進むと紫色の色層が出る。

分 房総半島・山形県以南〜インド・太平洋

生 潮間帯の岩礁、サンゴ礁

×1

ツメタガイ *Glossaulax didyma* (Röding, 1798)
タマガイ科 | 殻長:5〜8cm

🔴特 殻はまんじゅう形で厚く、鈍い光沢があり、茶褐色で殻底は白色。動物体は大きく、ほかの貝を抱き込み、歯舌と酸で穴を開けて捕食する(p.85サクラガイ類参照)。砂浜によく打ち上がり、破損のない状態が多い。

🟠分 北海道南部以南〜インド・太平洋

🟢生 潮間帯〜水深30mの砂底、砂泥底

×1

ウチヤマタマツバキ *Polinices sagamiensis* Pilsbry, 1904
タマガイ科 | 殻長:3〜4cm

🔴特 殻は重厚で光沢があり、白色で茶褐色の不明瞭な帯がある。薄い黒褐色の殻皮をかむるが、砂に潜るため、生きているときから大半が擦れている。砂浜に打ち上がり、新鮮な個体も拾える。磨耗の進んだ殻は黄白色になる。

×1

🟠分 房総半島・男鹿半島以南〜フィリピン

🟢生 潮下帯〜水深40mの砂底

ネズミガイ *Mammilla simiae* (Deshayes, 1838)

タマガイ科 | 殻長：2〜3 cm

特 殻は半卵形で、殻色は白色を地に茶褐色の不規則なまだら模様が入るものと、それに茶褐色の帯が入るものとの2タイプがある。軸唇と臍孔付近は黒褐色。岩浜によく打ち上がるが、殻の表面が摩耗した殻が多く、新鮮な個体は少ない。

分 房総半島以南〜インド・太平洋

生 水深10〜30 mの砂底

コラム 「海にいない貝が拾える!」

マルタニシ ×1　　カワニナ ×1　　ミスジマイマイ ×1

海岸にはカタツムリやカワニナなど、陸や淡水にすむ貝も打ち上がります。特に大雨の台風後には、木の実や昆虫類、コイ、カメなどの生き物が目につきます。海岸でこのような打ち上げ物を観察すると「森—川—海」のつながりを実感します。

ヤツシロガイ *Tonna luteostoma* (Küster, 1857)
ヤツシロガイ科 ｜ 殻長：5〜18cm

🟦特 殻は球形で、全体が茶褐色をしたものと、淡黄色を地に茶褐色の斑紋が入るものとがあり、大形になる。生息する水深に幅があり、周囲の環境によって殻の色や質が異なる。主として砂浜に打ち上がり、台風後には生きた個体が打ち上がることがある。

🟥分 北海道南部以南

🟢生 潮下帯〜水深200mの砂底、砂泥底

×1

ウラシマガイ *Semicassis bisulata persimilis* Kira, 1959
トウカムリ科 ｜ 殻長：5〜7cm

🟦特 殻は卵形でやや光沢があり、体層には淡褐色をした四角形の模様が5列ほどある。砂浜に打ち上がるが、通常、新鮮な殻は少ない。台風後に生きた個体を拾えることもあるが、数多く見られた場合は、漁業者の網にかかって捨てられたものの可能性もある。

🟥分 房総半島以南

🟢生 水深10〜100mの砂底、砂泥底

×1

カコボラ *Cymatium parthenopeum* (Salis Marschlins, 1793)
フジツガイ科 | 殻長：5〜12 cm

特 殻は厚く全体が黄褐色で体層に4〜6本程度の肋をもつ。動物体には蛇の目模様がある。厚い殻皮をもつが（写真右の2個体）、海岸に打ち上がる個体は大半がはがれている（写真左の2個体）。全世界的に分布し、生息深度の幅も大きい。

分 房総半島・山口県以南〜インド・太平洋〜大西洋

生 潮下帯〜水深100 mの岩礁、岩礫底

ナガスズカケ *Cymatium tenuiliratum* (Lischke, 1873)
フジツガイ科 | 殻長：4〜5 cm

特 殻全体は茶褐色で殻口は白色、殻表には布目彫刻がある。茶褐色の殻皮をかむり、肋上で長い。海岸で拾える殻は殻皮が磨耗してはがれているが、台風後には生きた個体も打ち上がる。まれに潮間帯岩礁で生きた個体が見られる。

分 房総半島・山口県以南〜西太平洋

生 潮下帯〜水深150 mの岩礁、岩礫底

ボウシュウボラ *Charonia sauliae* (Reeve, 1844)

フジツガイ科｜殻長：10～25 cm

蓋

特 殻は厚く大形、浅海に生息する個体は深場の個体に比べて茶色みが強い。ヒトデやナマコを餌とするため、毒ヒトデを捕食した個体は汚染され、それを食べた人が中毒となった事例がある。海岸に多数打ち上がっている場合は、漁港で捨てられた可能性が高い。蓋もよく打ち上がる。

分 房総半島・山口県以南～西太平洋

生 潮下帯～水深150mの岩礁、岩礫底

×1

053

ヒメヨウラク *Ergalarax contractus* (Reeve, 1846)
アッキガイ科 ｜ 殻長：2〜3cm

×1

- **特** 殻は白色で褐色のかすり模様が散在し、殻口は白色。縦肋の数や大きさに変異があり、縦肋の数が少ない型をフトヒメヨウラクと呼ぶ。肉食性で、死んだ魚などに集まった様子を磯で見かけることがある。岩浜に打ち上がる。
- **分** 北海道南部以南
- **生** 潮間帯〜水深30mの岩礁

レイシガイ *Thais bronni* (Dunker, 1860)
アッキガイ科 ｜ 殻長：4〜6cm

- **特** 殻は紡錘形。体層には結節があり、こぶ状に発達するものから弱いものまで変異がある。潮間帯の岩礁ではイボニシよりやや深場に生息し、貝やフジツボなどを捕食している様子が見られる。岩浜に打ち上がる。
- **分** 北海道南部以南
- **生** 潮間帯〜水深10mの岩礁

×1

アカニシ *Rapana venosa* (Valenciennes, 1846)

アッキガイ科 ｜ 殻長：5〜12 cm

🟠 殻は重厚で大形。殻表は黄褐色で細かい黒褐色のかすり模様が一面にある。中には白色の殻もある。殻口内は和名のとおり赤色で、若い個体には黒い筋がある。内湾に打ち上がるが、大形の殻は、食用後に捨てられたものの可能性が高い。

🟠 北海道南部以南〜台湾、中国

🟢 潮間帯〜水深30mの岩礁、砂礫底、砂泥底

×1

055

イボフトコロガイ *Euplica versicolor* Swerby, 1832
タモトガイ科 ｜ 殻長：1.5 cm

🔴 殻は小形で厚く、体層には結節がある。殻表は白色や黄褐色の地に濃く褐色のかすり模様をめぐらすが、黄白色の単色をした個体もあり、色彩変異が多い。主として潮間帯岩礁の藻類上に生息し、目の前に磯が広がる岩浜によく打ち上がる。
🟠 房総半島以南
🟢 潮間帯の岩礁

×1

マツムシ *Pyrene tesudinaria tylerae* (Griffith & Pigeon, 1834)
タモトガイ科 ｜ 殻長：1.5〜2 cm

🔴 殻は白地に褐色、黒褐色の網目模様やジグザグ模様、縦縞模様など、不規則な模様が入る。主として潮間帯付近の岩礁の藻類上に生息し、殻は岩浜によく打ち上がる。生時は殻皮をかむり、模様は見えないが、打ち上げ個体は磨耗して模様が出る。
🟠 房総半島以南〜九州、韓国
🟢 潮間帯〜水深10mの岩礁

×1

ムギガイ *Mitrella bicincta* (Gould, 1852)
タモトガイ科｜殻長:0.8～1㎝

🅢 殻は小形で紡錘形。色彩は変化に富み、不規則な茶褐色の模様があるもの、黒褐色の帯が入るもの、オレンジ色や薄紫色で模様のないものなど変化に富む。主として潮間帯付近のテングサ類中に見られ、岩浜によく打ち上がる。
🅓 房総半島以南～九州、韓国
🅔 潮間帯～水深5ｍの岩礁

×1

ボサツガイ *Anachis misera* (Sowerby, 1844)
タモトガイ科｜殻長:1～1.5㎝

🅢 殻には光沢があり、白地に不規則な茶褐色の帯や斑紋をめぐらす。場所によって潮間帯の岩礁付近の海藻上に多産する。岩浜にもよく打ち上がり、まとまって寄ることもある。打ち上げ個体は破損が少なく、新鮮な個体が拾える。
🅓 房総半島以南～九州
🅔 潮間帯～水深10ｍの岩礁

×1

ムシロガイ *Niotha livescens* (Philippi, 1848)

ムシロガイ科 | 殻長:1.5〜2 cm

×1

特 殻は比較的厚く、縦肋と螺肋によって仕切られた石畳状の彫刻がある。殻表は褐色や灰色などの単色から黄白色の横縞のある個体まで変化がある。本種より小形で殻表が顆粒状となるアラムシロがあり、本種とともに海岸に打ち上がる。

分 本州東北以南〜インド・太平洋

生 潮間帯〜水深50mの砂底

アラムシロ

コラム 海辺で拾えるウニ

ムラサキウニ(6 cm)

バフンウニ(3 cm)　ハスノハカシパン(5 cm)　タコノマクラ(10 cm)

海岸には棘がなくなって骨格だけになったウニの仲間が打ち上がります。バフンウニ、ムラサキウニ、それに奇妙な形をしたタコノマクラやカシパン類……。海辺では、貝でなくてもコレクションに加えたくなるような生き物をたくさん拾うことができます。

ヨフバイ *Telasco suffatus* (Gould, 18560)

ムシロガイ科｜殻長：2〜2.5 cm

- 特 殻は丸みがある紡錘形。殻の表面は平滑でやや光沢をもち、茶褐色のまだら模様と細い線がある。縫合には小さい疣があり、殻口外唇の下部に小さな棘がある。肉食性で死んだ魚などに集まる。岩浜に打ち上がり、新鮮な殻も拾える。
- 分 本州東北以南〜インド・太平洋
- 生 潮間帯〜水深30 mの砂底

縫合には小さい疣

アラレガイ *Niotha variegata* (A. Adams, 1852)

ムシロガイ科｜殻長：2〜3 cm

- 特 殻は厚くてよく膨らむ。縫合はくぼみ、殻表には縦肋と螺肋に仕切られた疣が並ぶ。殻色はあめ色で、所々に淡褐色の紋が入る。殻口の奥は茶紫色、周囲は白色で、軸唇側の滑層は広い。砂浜に打ち上がるが、新鮮な殻は多くない。
- 分 房総半島以南〜インド・太平洋
- 生 水深10〜100 mの砂底、砂泥底

縦肋と螺肋に仕切られた疣

ミガキボラ *Kelletia lischkei* Kuroda, 1938
エゾバイ科 | 殻長：10〜12 cm

特 殻は重厚で周縁に結節が並ぶ。殻表は弱い布目状の彫刻がある。殻全体は白色で、特に殻口内は純白。海岸にはさほど多く打ち上がらない。生きた個体を多数見かけることもあるが、漁業者の行うエビ網などにかかって捨てられた可能性が強い。

分 房総半島〜九州

生 潮下帯〜水深100 mの岩礁

バイ *Babylonia japonica* (Reeve, 1842)
エゾバイ科 | 殻長：5〜8 cm

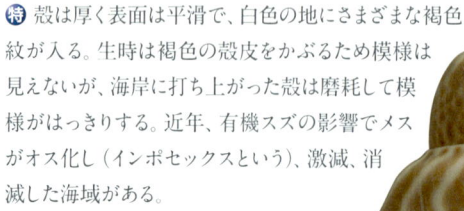

特 殻は厚く表面は平滑で、白色の地にさまざまな褐色紋が入る。生時は褐色の殻皮をかぶるため模様は見えないが、海岸に打ち上がった殻は磨耗して模様がはっきりする。近年、有機スズの影響でメスがオス化し（インポセックスという）、激減、消滅した海域がある。

分 北海道南部〜九州、韓国

生 潮下帯〜水深30 mの砂底、砂泥底

テングニシ *Hemifusus tuba* (Gmelin, 1781)

テングニシ科 | 殻長:10〜12 cm

🔴特 殻は大形で肩には鈍くとがった結節がある。殻色は肌色でビロード状の殻皮をかぶる。卵のうは「海ホオズキ」と呼ばれ、かつては口に入れて鳴らす玩具として使われた。砂浜に打ち上がり、大型台風の通過後には生きた個体を拾うこともある。

🔴分 房総半島以南〜インド・太平洋

🟢生 水深10〜50mの砂底、砂泥底

海ホオズキ

ナガニシ *Fusinus perplexus* (A. Adams, 1864)
イトマキボラ科 | 殻長：10〜12 cm

水管　　　　　　　　　　　　　　螺層

特 殻は細長く水管が長い。螺層は膨らみ、周縁の角張りが強いものから滑らかな個体まで変異がある。殻色は白色で所々に茶褐色が入り、ビロード状の殻皮をもつ。海岸に打ち上げられ、壊れて水管だけになった状態をよく見る。

分 北海道南部〜九州, 韓国

生 潮下帯〜水深50 mの砂底、砂泥底

ホタルガイ *Olivella japonica* Pilsbry, 1895
マクラガイ科 ｜ 殻長：1〜2 cm

特 殻は紡錘形で光沢がある。殻は白地に茶褐色の波形模様をもつが、白色、黄褐色、黒褐色など単色の個体もある。本種より小形でやや細いムシボタルとともに砂浜に打ち上がり、比較的きれいな殻が多い。

ムシボタル

分 房総半島・山口県〜九州
生 潮下帯〜水深30 mの砂底、砂泥底

×1

ヤタテガイ *Strigatella scutula* (Gmelin, 1791)
フデガイ科 ｜ 殻長：3〜4 cm

螺塔

×1

特 殻は紡錘形で厚い。殻の表面は平滑で、黒褐色の地に白色または黄褐色の途切れた縞模様がある。老成個体の殻口の外唇、内唇は厚くなり、エナメル質で乳白色、螺塔は破損している個体が多い。岩浜に打ち上がり、新鮮な個体も拾える。
分 房総半島以南〜インド・太平洋
生 潮間帯〜水深3 mの岩礁、サンゴ礁

063

コロモガイ *Cancellaria spengleriana* Deshayes, 1830
コロモガイ科 | 殻長：4〜6 cm

特 殻は紡錘形で老成すると重厚になる。殻全体は黄褐色で周縁は角張り、強い縦肋がある。殻口は黄白色で内唇は滑層が発達する。動物体は茶褐色で細かい焦茶色の斑点があり、蓋をもたない。砂浜に打ち上がり、比較的きれいな個体も拾える。

分 北海道南部〜九州、中国

生 水深5〜50mの砂底、砂泥底

トカシオリイレ *Cancellaria nodulifera* Sowerby, 1825
コロモガイ科 | 殻長：4〜6 cm

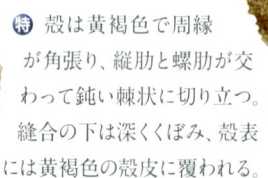

特 殻は黄褐色で周縁が角張り、縦肋と螺肋が交わって鈍い棘状に切り立つ。縫合の下は深くくぼみ、殻表には黄褐色の殻皮に覆われる。コロモガイと同様に蓋をもたない。砂浜に打ち上がるが、近年、都市近郊の海域では激減している。

分 北海道南部〜九州、中国

生 水深5〜50mの砂底、砂泥底

オハグロシャジク *Clavus japonica* (Lischke, 1869)

クダマキガイ科 | 殻長：2〜3cm

🔴 殻は細く、滑らかな縦肋があり、黒色の地に灰白色の色帯がある。岩礁と岩礁の間にたまった砂地に生息し、潮下帯付近でも見られる。海岸で拾える貝殻には新鮮な個体は少ないが、台風や大時化の後、生きた個体が打ち上がることがある。

🟠 北海道南部〜九州

🟢 潮下帯〜水深20mの岩礁、砂底

×1

ミガキモミジボラ *Inquisitor vulpionis* Kuroda & Oyama, 1971

クダマキガイ科 | 殻長：3〜4cm

🔴 殻は細く、縦肋は螺肋によって粒状になる。モミジボラによく似るが、本種は幾分小形で生息する深度も浅く、殻に光沢があるなどの違いによって区別できる。砂浜に打ち上がり、原型をとどめた殻を拾うことができる。

🟠 房総半島・男鹿半島〜九州

🟢 水深5〜20mの砂底

×1

モミジボラ

065

ベッコウイモ *Conus fulmen* Reeve, 1843
イモガイ科 | 殻長:5〜7cm

特 殻は先が低くとがった円錐形で、薄紫色を地に不規則な青紫色の模様がある。この模様は深い所に生息する個体ではなくなり、この型をキラベッコウイモと呼ぶ。生時は茶褐色の殻皮をかぶるが、海岸に打ち上がる殻は摩耗して模様がはっきり出る。

分 房総半島・男鹿半島〜台湾

生 潮下帯〜水深50mの岩礁、砂礫底

キラベッコウイモ

サヤガタイモ *Conus miliaris* Hwass in Bruguiere,1792
イモガイ科 | 殻長:3〜4cm

特 殻は先が低くとがった円錐形で、肩の部分には比較的発達した結節がある。黄褐色の地に白色のジグザグ模様をめぐらし、生時は黄褐色の殻皮をかむる。殻質が厚いため、海岸に打ち上がった古い殻でも原型をとどめている。岩浜に打ち上がる。

分 房総半島・山口県以南〜インド・太平洋

生 潮間帯〜水深10mの岩礁、砂礫底

ヒメトクサ *Brevimyurella japonica* (E.A.Smith,1873)
タケノコガイ科｜殻長：3〜4㎝

特 殻は細長く体層全体に縦肋があり、ごく細かい螺肋がある。砂浜に打ち上がるが、近年、各地で激減した。
分 北海道南部〜九州
生 水深5〜30ｍの砂底、砂泥底

シチクガイ *Hastula rufopuncata* (E.A.Smith, 1877)
タケノコガイ科｜殻長：3〜4㎝

特 殻は砂浜に打ち上がり、かなり磨耗が進んでも本来の色彩の特徴は残る。都市近郊の海岸では近年、激減した。
分 房総半島・山口県以南〜インド・太平洋
生 潮下帯〜水深20ｍの砂底

コゲチャタケ *Pristiterebra tsuboiana* (Yokoyama, 1922)
タケノコガイ科｜殻長：4〜5㎝

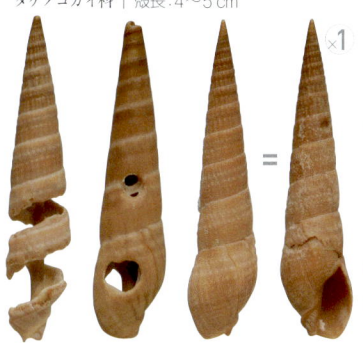

特 砂浜に打ち上がるが、磨耗して薄茶色になったものが多い。古い殻は拾えるが、近年、各地で激減した。
分 房総半島〜九州
生 水深5〜20ｍの砂底

アサガオガイ *Janthina janthina* (Linnaeus, 1758)
アサガオガイ科 ｜ 殻長：2〜3 cm

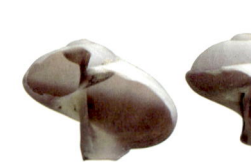

特 殻は非常に薄くカタツムリ型、上面は蒼白色で底面は青紫色をしている。生時は粘液を束ねてつくった筏(いかだ)を使って浮遊生活をし、カツオノエボシやギンカクラゲなどのクラゲ類を捕食する。時季によっては海岸に大量に打ち上がる。

分 世界中の暖流域
生 海面（浮遊生活）

カツオノエボシ

ルリガイ *Violetta globosa* (Swainson, 1823)
アサガオガイ科 ｜ 殻長：2〜4 cm

白色個体

特 殻は非常に薄く、全体が青紫をしている。まれに白色個体もある。アサガオガイと同様にギンカクラゲなどのクラゲ類を捕食する。時化た後の海岸にはギンカクラゲなどとともに生きたまま打ち上がり、破損のない殻を拾うことができる。

分 世界中の暖流域
生 海面（浮遊生活）

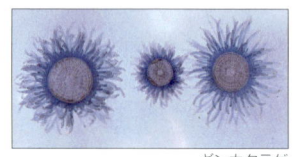

ギンカクラゲ

ネジガイ *Gyroscala lamellose* (Lamarck,1822)

イトカケガイ科 | 殻長：1.5〜3 cm

特 殻はイトカケガイの仲間としては厚質で光沢があり、殻全体が白色で縫合下に褐色の帯がある。蓋は薄く黄褐色。潮間帯の岩礁で生貝を見ることができる。主として岩浜に打ち上がり、磨耗してない新鮮な個体や生きた個体も拾える。

分 房総半島以南〜世界中の暖流域

生 潮間帯〜水深10 mの岩礁（イソギンチャク類に着生）

縫合下の褐色の帯

オダマキ *Epitonium auritum* (Sowerby, 1844)

イトカケガイ科 | 殻長：1〜1.5 cm

特 殻は光沢があり、淡褐色の地に各層2〜3本の茶色い帯をめぐらす。縦肋は白く、成長の段階で殻の口だった部分が厚い縦肋となる。砂浜に新鮮な個体が打ち上がることが多い。殻は軽く、木くずなどが寄りやすい場所で拾うことができる。

分 房総半島・能登半島以南〜西太平洋

生 水深10〜30 mの砂底

オオシイノミガイ *Acteon sieboldii* (Reeve, 1842)

オオシイノミガイ科 | 殻長：1〜1.5 cm

殻表に細かい螺肋がある

🔴 殻は楕円形で薄質。光沢があり殻表に細かい螺肋がある。殻全体は淡い褐色で縫合の下は白色、その下と底部に褐色の帯がある。砂浜に打ち上がり、殻が軽いため比重の軽いゴミとともに寄る。近年、激減した海岸がある。

🟠 房総半島以南〜南シナ海

🟢 水深10〜30 mの砂底

ナツメガイ *Bulla vernicosa* Gould, 1859

ナツメガイ科 | 殻長：2〜3.5 cm

🔴 殻は卵球形で比較的厚質。殻口は広く殻頂は開孔する。茶褐色の地に白色の小斑紋が散在し、3本ほどの焦茶色をした不明瞭な帯をめぐらす。主として岩浜に打ち上がり、まとまって打ち上がることもあり、新鮮な個体が拾える。

🟠 房総半島・山口県以南〜インド・太平洋

🟢 潮間帯〜水深30 mの岩礁

タツナミガイ *Dolabella auricularia* (Lightfoot,1786)

アメフラシ科｜殻長：3〜4 cm

特 殻は片側が切れた半円形で、アメフラシ科としては厚質。白色で黒褐色の殻皮をもつ。生時は、貝殻は外套膜内に埋没している。潮間帯の岩礁に見られ、軟体部は大きく体長25 cm以上に達し、刺激を与えると紫色の汁を放出する。

分 房総半島以南〜インド・太平洋

生 潮間帯の岩礁

生時のタツナミガイ

ヤカドツノガイ
Dentalium octangulatum Donovan,1804

ゾウゲツノガイ科｜殻長：3〜5 cm

特 殻は角状で白色。5〜12本の縦肋があり、その間にも弱い肋ある。殻口は縦肋の数によって、さまざまな形に見える。縦肋は8本のものが多いので、ヤカドツノガイ（八角角貝）の名がある。砂浜に打ち上がり、破損の少ない状態で拾える。

分 北海道南部以南〜インド・太平洋

生 潮間帯〜水深50 mの砂底

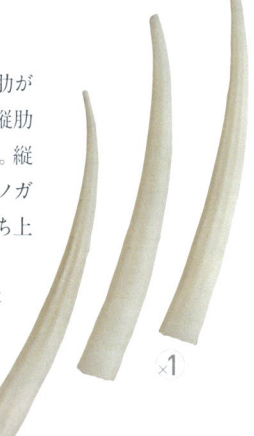

コラム 「拾ってみたいレア貝コレクション」

ベニハマグリ
Mactra ornata
殻長:4 cm

サツマアサリ
Antigona lamellaris
殻長:5 cm

ゲンロクソデガイ
Jupiterina confusa
殻長:1.5 cm

ギンギョ
Nemocardium lyratum
殻長:5 cm

キサガイ
Cardilia semisulcata
殻長:2 cm

シオサザナミガイ
Gari truncata
殻長:4 cm

イセシラガイ
Anodontia stearnsiana
殻長:5 cm

フジナミガイ
Soletellina boeddinghausi
殻長:8 cm

072

ベニシボリ
Bullina lineata
殻長:1.5 cm

ヒメヤカタ
Hydatina zonata
殻長:3 cm

イボダカラ
Cypraea nucleus
殻長:2.5 cm

ツツミガイ
Sinum planulatum
殻長:3 cm

スジボラ
Lyria cassidula
殻長:3 cm

シゲトウボウ
Cymatium cutaceum
殻長:6 cm

オウムガイ
Nautilus pompilius
殻長:15 cm

ビギナーズラックもありますが、海辺でレア貝を拾うには何度も足を運ぶことです。レア貝を多く持つ人はキャリアも長いのです。フィリピンから黒潮に乗ってきたオウムガイは滅多に拾えず、絶滅が危惧されるイセシラガイやフジナミガイなどは、拾う機会が減っています。

エガイ *Barbatia lima* (Reeve, 1844)
フネガイ科 ｜ 殻長：4〜6cm

特 殻は歪んだ楕円形で放射肋があり、輪脈と交わって顆粒状になる。殻全体は白色で黒褐色の殻皮をかむる。海が時化た後、海藻の根元などについたまま新鮮な個体が打ち上がる。磨耗した殻は、殻皮が落ちて白色となる。

分 北海道南部以南

生 潮下帯〜水深20mの岩礁

マルサルボオ *Scapharca nipponensis* (Pilsbry, 1882)
フネガイ科 ｜ 殻長：6〜8cm

後縁

特 殻は箱形でよく膨らみ、老成すると重厚。放射肋は36〜38本ある。左殻が右殻より多少大きく、両殻はかみ合わない。サトウガイとよく似るが、本種は外洋性で老成すると殻の後縁が伸びる。砂浜に打ち上がり、両殻そろった個体も拾える。

分 北海道南部以南

生 水深20mの砂底、砂泥底

サトウガイ

ミタマキガイ *Glycymeris imperialis* Kuroda, 1934

タマキガイ科｜殻長：2〜3 cm

特 殻は類円形で厚く、膨らみが強い。殻全体は茶褐色をしているが、黄白色の放射模様がはっきりし、殻頂部に白色の不規則な三角形の模様が入る個体もある。生時には黒褐色の殻皮をかぶるが、海岸に打ち上がる殻の大半は擦れている。

分 本州東北〜九州

生 水深10〜50 mの砂底、砂泥底

ベンケイガイ *Glycymeris albolineata* (Lischke, 1872)

タマキガイ科｜殻長：6〜8 cm

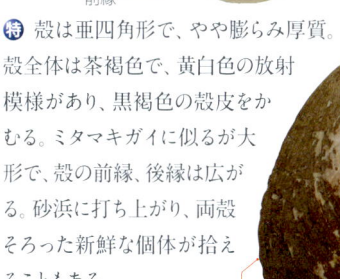

前縁

特 殻は亜四角形で、やや膨らみ厚質。殻全体は茶褐色で、黄白色の放射模様があり、黒褐色の殻皮をかむる。ミタマキガイに似るが大形で、殻の前縁、後縁は広がる。砂浜に打ち上がり、両殻そろった新鮮な個体が拾えることもある。

分 北海道南部〜九州

後縁

生 水深5〜20 mの砂底

ムラサキイガイ *Mytilus galloprovincialis* Lamarck, 1819
イガイ科 | 殻長:5〜8cm

特 殻は厚くならず、黒紫色でやや光沢がある。元来は地中海が原産地で、1920年代に船に付着して運ばれ日本に定着し、今は全国的に拡散した。足糸で岩礁などに付着し、主として潮通しの悪い内湾に多い。別名はチレニアイガイ。

分 北海道南部〜全世界

生 潮間帯〜水深20mの岩礁、人工構築物

ミドリイガイ *Perna viridis* (Linnaeus, 1758)
イガイ科 | 殻長:3〜6cm

特 殻は薄く緑色、殻皮は飴色で光沢がある。東南アジア原産で、日本では1960年代に発見され、すぐには繁殖しなかったが、1980年代以降、東京湾などに定着した。岩礁や人工構築物に付着するが、ブイにもつくことがある。

分 東京湾以南〜インド・太平洋

生 潮間帯〜水深20mの岩礁、人工構築物

ヒバリガイ *Modiolus nipponicus* (Oyama, 1950)
イガイ科 | 殻長:3〜4cm

前背縁

🟠 殻はやや薄質で、黄褐色の房状の殻皮をかぶる。殻色は赤褐色や赤橙色で、前背縁周辺は黄褐色、殻の内面には真珠光沢がある。岩礁などに足糸で付着して生活する。海岸に打ち上がった個体は、殻皮がとれて殻の赤味が出てよく目立つ。
🟠 陸奥湾〜九州
🟢 潮間帯〜水深20mの岩礁

タマエガイ *Musculus cupreus* (Gould, 1861)
イガイ科 | 殻長:1〜2.5cm

🟠 殻は亜方形で、膨らみがあり薄質。殻色は黄褐色の地に細かい褐色の模様があり、やや光沢のある黄褐色の殻皮をかぶる。内面は青紫色の真珠光沢をもつ。カラスボヤなどホヤ類の中で生活し、両殻そろった状態で海岸に打ち上がることが多い。
🟠 北海道南部〜九州
🟢 潮間帯〜水深50mの岩礁

イタヤガイ *Pecten albicans* (Schröter, 1802)

イタヤガイ科｜殻長：5〜10 cm

左殻

右殻

×1

特 殻は扇形、右殻は膨らみが強く、左殻はほぼ平ら。放射肋はともに8本以上ある。通常、右殻は白色だが、茶色、紫色、黄色、橙色など淡色の個体もある。左殻は茶褐色をしたものが多い。砂浜に打ち上がり、台風の後などには、まれに生きたまま拾えることがある。

分 北海道南部〜九州

生 水深10〜100 mの砂底

キンチャクガイ *Decatopecten striatus* (Schumacher, 1817)
イタヤガイ科｜殻長：4〜5cm

特 殻は巾着形で厚質、3〜5本の太い放射肋がある。赤褐色で黄白色の雲形模様の入る個体は多いが、白色、黄色、紫色など単色の個体もある。砂浜に打ち上がり、殻が厚いため磨耗しても多くは原型をとどめ、色彩も残っている。

分 房総半島・能登半島以南〜西太平洋

生 水深10〜50mの砂底、砂礫底

×1

ナデシコ *Chlamys irregularis* (Sowerby, 1842)
イタヤガイ科｜殻長：3〜5cm

特 殻は卵形で膨らみが弱く、多数の放射肋がある。殻色は茶褐色に斑点やかすり模様などが入った個体から、赤色、黄色、橙色、白色など単色もあり、変化に富む。岩浜に打ち上がり、両殻そろった個体も拾える。海岸では特に赤系の個体が目立つ。

分 房総半島以南〜西太平洋

生 水深5〜20mの岩礁

×1

チリボタン *Spondylus cruentus* Lischke, 1868
ウミギク科 ｜ 殻長：5～6 cm

右殻　　左殻　　左殻　　右殻(内側)

🈳 右殻は膨れるが、左殻はほぼ扁平。右殻側で岩礁等に固着して生活する。左殻の殻表にはやや平らで細長い小棘がある。殻の内面は白色で、縁は赤色。主として岩浜に打ち上がり、磨耗して赤や赤橙色がはっきり出た殻が打ち上がる。

分 房総半島～沖縄
生 潮下帯～水深20mの岩礁

ナミマガシワ *Anomia chinensis* Philippi, 1849
ナミマガシワ科 ｜ 殻長：3～5 cm

右殻

🈳 殻は類円形で薄質、丸みのあるものから扁平な個体まである。殻色は桃、赤、黄、白などがあり変化に富む。右殻には岩礁に固着するための穴がある。右殻は壊れやすいためか海岸で拾えるのは左殻がほとんど。砂浜、岩浜ともに打ち上がる。

分 北海道南部以南～西太平洋
生 潮下帯～水深20mの岩礁

ヤエウメ *Phlyctiderma japonicum* (Pilsbry, 1895)
フタバシラガイ科 | 殻長：1〜2cm

🔴特 殻は亜球形で膨らみが強く、殻表には途切れた成長脈がある。殻全体が白色で、内面は鈍い光沢がある。本種は軟らかい泥岩に穿孔して生活するが、形態がよく似たフタバシラガイは砂地に生息する。岩浜に打ち上がり、両殻そろった個体もよく拾える。
🔴分 北海道南部〜九州
🟢生 潮下帯〜水深20mの岩礁

フタバシラガイ

トマヤガイ *Cardita leana* Dunker, 1860
トマヤガイ科 | 殻長：3〜4cm

🔴特 殻は厚く膨らむ。16本内外の強く太い放射肋があり、その上に角張りのある突起が並ぶ。内面は白色と黒紫色に分けられる。潮間帯付近に生息し、岩礁や転石に足糸で付着する。岩浜に打ち上がり、両殻そろった個体もよく拾える。
🔴分 北海道南部〜台湾
🟢生 潮下帯〜水深5mの岩礁

トリガイ
Fulvia mutica (Reeve, 1844)
ザルガイ科 ｜ 殻長：6〜8 cm

特 殻は亜球形で薄質、殻表はほぼ平滑で放射肋上には黄褐色の厚い殻皮がある。小形の個体は黄褐色の地に赤褐色のまだら模様がある。寿司種として知られるが、近年は激減した。砂浜に打ち上がり、小形の個体は両殻そろった状態で打ち上がる。
分 陸奥湾〜九州、韓国、中国
生 水深5〜30mの砂底、砂泥底

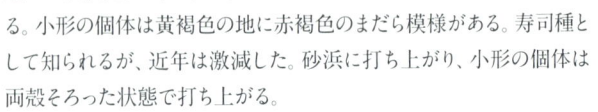

バカガイ *Mactra chinensis* Philippi, 1846
バカガイ科 ｜ 殻長：6〜8 cm

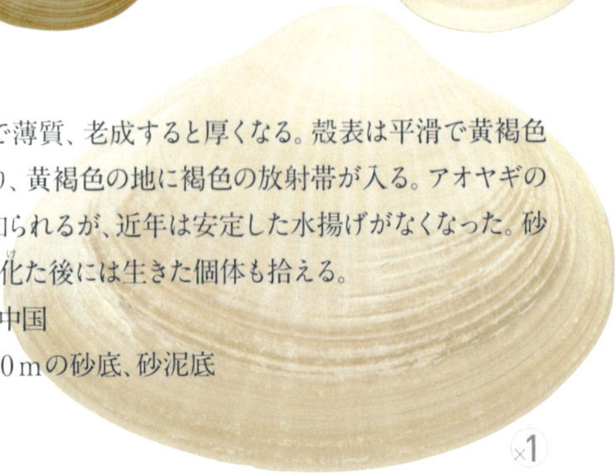

特 殻は亜三角形で薄質、老成すると厚くなる。殻表は平滑で黄褐色の薄い殻皮をかぶり、黄褐色の地に褐色の放射帯が入る。アオヤギの名で寿司種として知られるが、近年は安定した水揚げがなくなった。砂浜に打ち上がり、時化た後には生きた個体も拾える。
分 北海道〜九州、中国
生 潮間帯〜水深20mの砂底、砂泥底

フジノハナガイ *Chion semigranosus* (Dunker, 1877)
フジノハナガイ科 ｜ 殻長：1～1.5 cm

🟣 殻は小形の亜三角形でやや光沢があり、殻の後方には布目彫刻がある。殻の色彩は白色が多く、白色に淡褐色が混ざった色などがある。砂浜の波打ち際付近に潜って生活し、波に乗って汀線(ていせん)を移動する習性がある。砂浜に打ち上がる。

🟠 房総半島～九州、台湾、中国、シャム湾

🟢 潮間帯（波打ち際）の砂底

布目彫刻

ナミノコ *Chion cuneata* (Linnaeus, 1758)
フジノハナガイ科 ｜ 殻長：1.5～2.5 cm

🟣 殻は小形の亜三角形でやや光沢がある。殻はほぼ平滑で、色彩は茶褐色、黒褐色、黄褐色、白色など変異に富む。フジノハナガイと同様、波に乗って汀線(ていせん)を移動する習性をもつ。砂浜に打ち上がり、生きた個体も見られる。

🟠 房総半島以南～インド・太平洋

🟢 潮間帯（波打ち際）の砂底

ベニガイ *Pharaonella sieboldii* (Deshayes, 1855)
ニッコウガイ科 ｜ 殻長：5〜6 cm

後縁

特 殻は薄質で前後に長く、前端は丸く後端は口ばし状に伸びる。若い個体ほど光沢がある。殻色は表面、内面ともに淡紅色。砂浜に打ち上がり、かつては台風の後、生きた個体も見られたが、近年、都市近郊の海岸では激減した。

分 北海道南部〜九州
生 潮下帯〜水深20 mの砂底

前縁

サギガイ *Macoma sectior* Oyama, 1950
ニッコウガイ科 ｜ 殻長：3〜5 cm

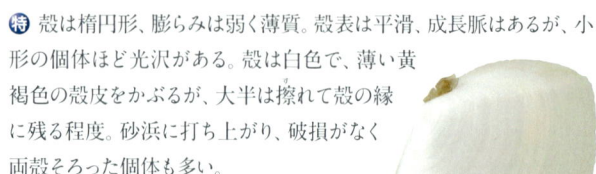

特 殻は楕円形、膨らみは弱く薄質。殻表は平滑、成長脈はあるが、小形の個体ほど光沢がある。殻は白色で、薄い黄褐色の殻皮をかぶるが、大半は擦れて殻の縁に残る程度。砂浜に打ち上がり、破損がなく両殻そろった個体も多い。

分 サハリン〜九州、台湾、中国
生 水深5〜20 mの砂底、砂泥底

サクラガイ *Nitidotellina hokkaidoensis*（Habe, 1961）
ニッコウガイ科 ｜ 殻長：1.5〜2 cm

特 殻は薄く、桃色で光沢がある。砂浜に打ち上がるが、ツメタガイ（p.49）に捕食されて殻に穴の開いた個体が多い（写真：右下。下の2種も同様）。
分 北海道南部〜九州
生 潮下帯〜水深10mの砂底

カバザクラ *Nitidotellina iridella*（Martens, 1865）
ニッコウガイ科 ｜ 殻長：1.5〜2 cm

特 サクラガイより白線がはっきりしている。樺色（赤色みを帯びた黄色）の個体もあるのでこの名がある（写真：右上）。砂浜に打ち上がる。
分 房総半島以南〜台湾
生 潮下帯〜水深10mの砂底

モモノハナガイ *Moerella jedoensis*（Lischke, 1872）
ニッコウガイ科 ｜ 殻長：1〜1.5 cm

特 殻は亜三角形。上の2種より小形で赤色みが強い。学名のjedoensisは江戸を意味し、エドザクラの別名がある。砂浜に打ち上がる。
分 房総半島〜九州
生 潮間帯の砂底

ダンダラマテ *Solen kurodai* Habe, 1964
マテガイ科｜殻長：4〜5cm

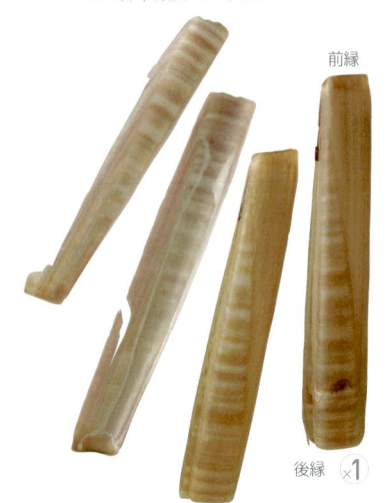

前縁

後縁 ×1

特 殻は長い筒形で薄質。後縁には茶褐色で線状の模様が並び、前縁に向かって短くなる。この模様が段だら模様に見え、和名の由来になっている。砂浜に打ち上がるが、破損した個体が多い。時季によっては両殻がまとまって打ち上がる。
分 房総半島〜九州
生 潮間帯の砂底

マテガイ *Solen strictus* Gould, 1861
マテガイ科｜殻長：8〜12cm

特 殻は長い筒形で薄質。殻色は黄白色で、褐色で光沢がある殻皮をかむる。生時は砂に深く潜り、穴に塩などを入れると外に出る性質がある。また、刺激すると水管を自切する。海岸に打ち上がる個体は、殻皮がとれたものが多い。
分 北海道南部〜九州、韓国、中国
生 潮間帯の砂底

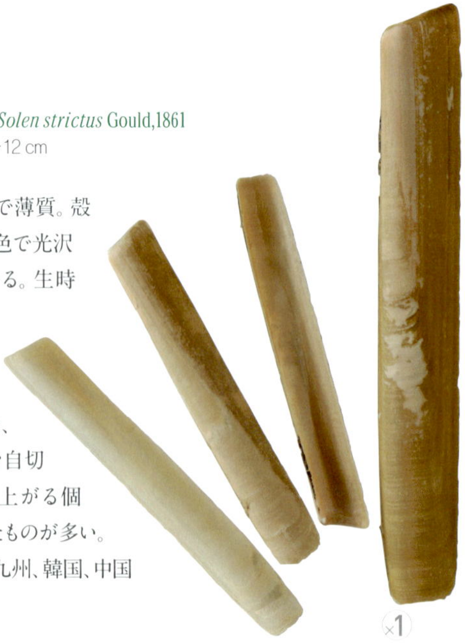

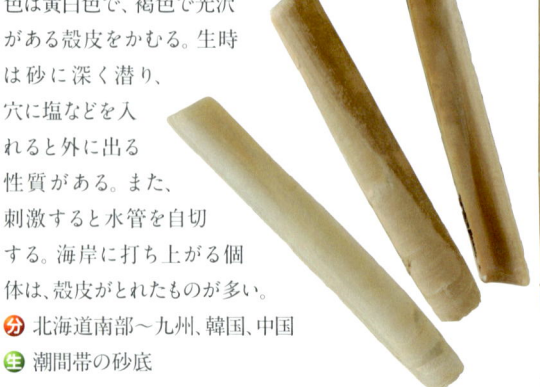

×1

086

キヌタアゲマキ *Solecurtus divaricatus* (Lischke, 1869)
キヌタアゲマキガイ科 ｜ 殻長：5〜7 cm

特 殻は亜長方形で、殻質はやや厚い。櫛状の放射肋があり、後背縁から後縁にかけて、ヤスリ状の彫刻がある。殻は薄桃紫色で殻頂から2本の白色帯が入る。動物体は橙色で大きく、殻に収まらない。砂浜に打ち上がり、時化の後には生きた個体も拾える。

分 房総半島以南〜台湾、中国

生 潮下帯〜水深20 mの砂底、砂泥底

×1

ミゾガイ *Siliqua pulchella* (Dunker, 1852)
ユキノアシタガイ科 ｜ 殻長：2.5〜3 cm

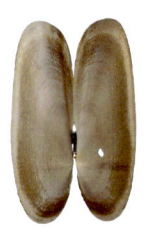

特 殻は長楕円形で、殻質は極めて薄く半透明。殻皮は薄褐色で殻色は薄紫色。殻頂から腹縁に向かって白色の不明瞭な線がある。砂浜にまとまった数で打ち上がることがあり、このようなときには両殻そろった新鮮な個体が拾える。

分 房総半島〜九州、中国

生 潮下帯〜水深20 mの砂底、砂泥底

×1

ヒナガイ *Dosinorbis bilunulatus* (Gray, 1838)

マルスダレガイ科 | 殻長：7～9 cm

- 特 殻は類円形で、殻質は厚く膨らみは弱い。輪肋が規則的にあり、前背縁付近で板状に立つ。殻は全体が白色で、殻頂から黄褐色の放射模様が出る。砂浜に打ち上がり、時化や台風の後、両殻そろった状態で拾えることがある。
- 分 房総半島～九州
- 生 水深10～30 mの砂底

カガミガイ *Phacosoma japonicum* (Reeve, 1850)

マルスダレガイ科 | 殻長：5～6 cm

- 特 殻は類円形で、殻質はやや薄く膨らみは弱い。殻表には比較的細かい輪肋が規則的にあり、殻色は白色。本種はアサリなどを目的とした潮干狩りでもよく採れる。砂浜に打ち上がり、ツメタガイ（p.49）に捕食されて穴の開いた個体も多い。
- 分 北海道南部～九州、中国、韓国
- 生 潮間帯～水深30 mの砂底、砂泥底

アサリ *Ruditapes philippinarum* (A. Adams & Reeve, 1850)
マルスダレガイ科 | 殻長：3〜4 cm

成長脈

- 🈳 殻は卵形で膨らみ薄質。殻表は放射肋と成長脈が交差して布目状となる。白地に黒色の模様のあるものや黄褐色の地にかすり模様のある個体など、色彩は変化に富む。主として砂浜に打ち上がるが、海が荒れた後には生きた個体も拾える。
- 🈯 北海道〜九州、中国、韓国
- 🈁 潮間帯〜水深10 mの砂底、砂礫泥底

×1

オニアサリ *Protothaca jedoensis* (Lischke, 1874)
マルスダレガイ科 | 殻長：3〜4 cm

- 🈳 殻は類円形でよく膨らみ厚質。殻表には強い放射肋と成長肋が顕著。殻色は黄褐色の地に放射肋に沿った茶褐色のまばらな帯や模様が入る。殻の内面は白色で部分的に薄紫色がある。主として岩浜に打ち上がり、両殻そろった個体も多い。
- 🈯 北海道〜九州、中国、韓国
- 🈁 潮間帯〜水深10 mの砂底、砂礫底

×1

ウチムラサキ *Saxidomus purpuratus* (Sowerby, 1852)

マルスダレガイ科 | 殻長：7〜9cm

×1 ─ 成長線

幼貝

- 特 殻は卵形でよく膨らみ厚質。殻表は幼貝では滑らかで、成貝は不規則な成長線に覆われる。殻の内面は和名のとおり紫色。通常は岩礁間の砂礫中に生息し、岩のくぼみに入ったまま成長し、出られなくなった個体もある。主として岩浜に打ち上がる。
- 分 北海道南部〜九州、中国、韓国
- 生 潮間帯〜水深20mの岩礁間の砂礫泥底

スダレガイ *Paphia lischikei* Fischer-Piette & Metivier, 1971
マルスダレガイ科｜殻長：5～7㎝

特 殻は長楕円形でやや厚質。殻表には太い輪肋がある。殻表全体は茶褐色で、殻頂から4本ほどの途切れた放射帯があり、肋間には網代模様がある。本種に似たサツマアカガイは輪肋が細く深い。砂浜に打ち上がり、台風の後などは、まれに生きた個体が見られる。

分 北海道南部～九州、中国、韓国
生 水深10～50ｍの砂底、砂泥底

サツマアマガイ　　輪肋

マツヤマワスレ *Callista chinensis* (Holten, 1803)
マルスダレガイ科｜殻長：5～7㎝

特 殻は卵形でやや薄質。殻表には光沢があり、茶褐色の地に成長脈に沿った薄赤紫色の色帯や、殻頂部からの放射模様がある。中には白色の地に薄赤紫色の模様が入る個体もある。砂浜に打ち上がり、時化の後には生きた個体も拾える。

分 房総半島～九州、中国
生 水深5～50ｍの砂底

成長脈

ハマグリ *Meretrix lusoria* (Röding, 1798)

マルスダレガイ科｜殻長：5〜8cm

特 殻は亜三角形でやや薄質。色彩は殻全体が栗色、白地に殻頂部から2本の放射模様が入るもの、ごま模様やジグザグ模様のある個体など変化に富む。近年は全国的に激減し、消滅した海域も多い。砂浜に打ち上がるが、現在、拾えるのは大半が古い時代の殻である。

分 北海道南部〜九州、中国、韓国

生 潮間帯〜水深10mの砂底、砂泥底

チョウセンハマグリ *Meretrix lamarckii* Deshayes, 1853

マルスダレガイ科｜殻長：7〜10cm

特 殻は亜三角形でやや厚質。色彩は殻全体が栗色したものや、黄褐色の地に茶色の放射線模様のある個体など変化に富む。ハマグリが内湾的な海域に生息するのに対し、本種は外洋の砂浜に生息する。砂浜に打ち上がり、台風後には生きた個体も見られる。

分 鹿島灘以南〜台湾

生 潮下帯〜水深10mの砂底

クチベニガイ *Solidicorbula erythrodon* (Lamarck, 1818)
クチベニガイ科 | 殻長:2〜2.5 cm

特 殻は片方がとがった楕円形。厚質で膨らみは強く、輪肋は顕著。殻表は白色、内面は黄白色で周縁が紅色。海岸に打ち上がった殻の内側は紅色がよく出るため、この名がある。砂浜に打ち上がり、時化の後には生きた個体も見られる。

分 房総半島〜九州、中国、韓国

生 潮下帯〜水深10 mの砂底

殻の内側は鮮やかな紅色

カモメガイ *Penitella kamakurensis* (Yokoyama, 1922)
ニオガイ科 | 殻長:4〜5 cm

特 殻は前後に長い卵形で、薄質でよく膨らむ。本種を含むニオガイ科の貝類は、殻を振動させて泥岩や砂石に穿孔して生活するため(写真左)、大半が殻の前部に孔を開けるための荒い彫刻がある。海岸に打ち上がった石の中で見ることができる。

分 北海道南部〜九州

生 潮下帯〜水深10 mの岩礁、転石帯

アオイガイ *Argonauta argo* Linnaeus, 1758
カイダコ科 ｜ 殻長：10〜20 cm

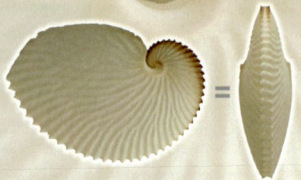

特 殻は半円形で薄く、全体は純白色で縁側の棘のある部分は黒色。貝殻はタコのメスが卵を保育するために形成したもので、オスは殻をもたない。日本海側では時々、本種が数多く漂着する場所があるが、太平洋側ではさほど多くない。別名カイダコ。

分 世界中の温帯・熱帯海域

生 表層で浮遊生活

×1

タコブネ *Argonauta hians* (Lightfoot, 1786)
カイダコ科 ｜ 殻長：5〜8 cm

特 殻は薄く灰白色で、縁にあるいぼ状突起の周辺は黒褐色。放射肋はアオイガイより幅広い。貝殻はタコのメスが卵を保育するために形成したもので、殻口の両脇がとがった個体とそうでない個体がある。まれに動物体が入ったまま打ち上がることもある。別名はフネダコ。

分 世界中の温帯・熱帯海域

生 表層で浮遊生活

×1

094

種名索引

ページ	種名
ア 94	アオイガイ
55	アカニシ
68	アサガオガイ
89	アサリ
18	アシヤガイ
18	アシヤガマ
24	アマオブネ
24	アマガイ
43	アヤメダカラ
59	アラレガイ
28	アワブネ
19	イシダタミ
72	イセシラガイ
78	イタヤガイ
73	イボダカラ
56	イボフトコロガイ
37	ウキダカラ
20	ウズイチモンジ
90	ウチムラサキ
49	ウチヤマタマツバキ
14	ウノアシ
23	ウラウズガイ
51	ウラシマガイ
74	エガイ
73	オウムガイ
70	オオシイノミガイ
25	オオヘビガイ
69	オダマキ
16	オトメガサ
89	オニアサリ
65	オハグロシャジク
40	オミナエシダカラ
カ 88	カガミガイ
52	カコボラ
26	カニモリ
85	カバザクラ
35	カミスジダカラ
93	カモメガイ
42	カモンダカラ
50	カワニナ
45	キイロダカラ
72	キサガイ
21	キサゴ
87	キヌタアゲマキ
72	ギンギョ
79	キンチャクガイ
16	クズヤガイ
33	クチグロキヌタ
93	クチベニガイ
32	クロダカラ
72	ゲンロクソデガイ
67	コゲチャタケ
38	コモンダカラ
64	コロモガイ
サ 84	サギガイ
85	サクラガイ
22	サザエ
72	サツマアサリ
47	サメダカラ
66	サヤガタイモ
27	サワラビ
72	シオサザナミガイ
73	シゲトウボウ
67	シチクガイ
26	シドロ
46	シボリダカラ
28	シマメノウフネガイ
23	スガイ
15	スカシガイ
73	スジボラ
27	スズメガイ
91	スダレガイ
タ 58	タコノマクラ
94	タコブネ

095

ページ	種名		ページ	種名
71	タツナミガイ		54	ヒメヨウラク
77	タマエガイ		72	フジナミガイ
86	ダンダラマテ		83	フジノハナガイ
21	ダンベイキサゴ		66	ベッコウイモ
20	チグサガイ		84	ベニガイ
34	チャイロキヌタ		73	ベニシボリ
92	チョウセンハマグリ		72	ベニハマグリ
80	チリボタン		75	ベンケイガイ
13	ツタノハガイ		53	ボウシュウボラ
73	ツツミガイ		57	ボサツガイ
49	ツメタガイ		30	ホシキヌタ
15	テンガイ		63	ホタルガイ
61	テングニシ	マ	13	マツバガイ
64	トカシオリイレ		56	マツムシ
17	トコブシ		91	マツヤマワスレ
81	トマヤガイ		86	マテガイ
82	トリガイ		74	マルサルボオ
ナ 52	ナガスズカケ		50	マルタニシ
62	ナガニシ		60	ミガキボラ
41	ナシジダカラ		65	ミガキモミジボラ
70	ナツメガイ		50	ミスジマイマイ
31	ナツメモドキ		87	ミゾガイ
79	ナデシコ		75	ミタマキガイ
83	ナミノコ		76	ミドリイガイ
80	ナミマガシワ		57	ムギガイ
69	ネジガイ		58	ムシロガイ
50	ネズミガイ		76	ムラサキイガイ
ハ 60	バイ		58	ムラサキウニ
82	バカガイ		17	メガイアワビ
58	ハスノハカシパン		36	メダカラガイ
39	ハツユキダカラ		85	モモノハナガイ
19	バテイラ	ヤ	81	ヤエウメ
44	ハナビラダカラ		71	ヤカドツノガイ
48	ハナマルユキ		29	ヤクシマダカラ
58	バフンウニ		63	ヤタテガイ
92	ハマグリ		51	ヤツシロガイ
88	ヒナガイ		59	ヨフバイ
77	ヒバリガイ		14	ヨメガカサ
67	ヒメトクサ		68	ルリガイ
73	ヒメヤカタ		54	レイシガイ